Benrachou Noura

Características do azeite de algumas cultivares da Argélia

Benrachou Noura

Características do azeite de algumas cultivares da Argélia

ScienciaScripts

Cover image: www.ingimage.com

This book is a translation from the original published under ISBN 978-620-2-06374-6.

Publisher:
Sciencia Scripts
is a trademark of
Dodo Books Indian Ocean Ltd. and OmniScriptum S.R.L publishing group

120 High Road, East Finchley, London, N2 9ED, United Kingdom
Str. Armeneasca 28/1, office 1, Chisinau MD-2012, Republic of Moldova, Europe
Printed at: see last page
ISBN: 978-620-7-79362-4

Agradecimentos

Este livro é o resultado da minha investigação sobre os azeites argelinos.

Gostaria de exprimir a minha profunda gratidão à Professora Nathalie Dupuy e, em particular, ao Professor Jacques Artaud da Universidade de Aix-Marseille - Equip METICA - Laboratório de Instrumentação e Ciências Analíticas - que tão generosamente me deram o seu tempo para me ajudar a analisar as amostras de azeite e contribuir para o capítulo

Gostaria também de agradecer ao Professor Henchiri Cherifa **da** Universidade de Badji-Mokhtar Annaba na Argélia, Departamento de Bioquímica, pela sua contribuição para a redação do artigo mencionado no Capítulo 3.

Os meus agradecimentos a Naziha Grati Kamoun do Instituto da Oliveira /Sfax-Tunis pela extração do azeite no seu laboratório

Sem a sua ajuda, um livro como este não teria sido possível.

PREÂMBULO

Os consumidores estão a reconhecer cada vez mais os benefícios para a saúde de alguns alimentos. Para além dos seus efeitos nutricionais e fisiológicos, também oferecem benefícios para a saúde e previnem doenças. O azeite é um alimento "funcional natural" que possui propriedades nutricionais e curativas

A caraterização dos azeites por variedade e origem geográfica é um problema atual: a qualidade, os benefícios nutricionais e a especificidade de um azeite são, de facto, o resultado de vários factores, como a variedade.

É provável que o segredo da capacidade do azeite para combater as doenças não se esconda apenas nos seus ácidos gordos, mas também nos seus componentes menores, como demonstram os resultados de estudos bioquímicos, farmacológicos e outros recentes. Dada a elevada qualidade do azeite e os seus benefícios nutricionais e fisiológicos, o interesse pela sua análise irá, sem dúvida, aumentar.

Depois de uma introdução ao azeite, de uma breve descrição da oliveira e da qualidade do azeite, apresentamos neste livro capítulos que tratam da análise da composição em ácidos gordos de algumas variedades de azeite do Leste e do Sudeste da Argélia, e da análise de compostos menores bioactivos em três azeites de variedades de oliveira do Leste da Argélia

O objetivo é valorizar a qualidade do azeite argelino de algumas cultivares seleccionadas e difundir a sua cultura em todo o país.

Esperamos que este livro seja de grande utilidade para essas análises e que contribua para que as propriedades únicas do azeite sejam apreciadas pelo público e correspondam às expectativas de consumidores cada vez mais exigentes em termos de saúde.

INTRODUÇÃO

De todos os óleos vegetais comestíveis, o azeite ocupa um lugar especial na tradição culinária do Mediterrâneo e ganhou um lugar firme na investigação nutricional. É também talvez a planta cultivada mais antiga da história. Embora as propriedades sensoriais finas do azeite sejam responsáveis pela sua popularidade, apesar do seu elevado preço de mercado, está a ser dada cada vez mais atenção às suas propriedades nutricionais, que se diz desempenharem um papel importante na chamada "dieta mediterrânica".

A caraterização dos azeites em termos de variedade e de origem geográfica é um problema atual: a qualidade e a especificidade de um azeite são, de facto, o resultado de vários factores, como a variedade **[1].**

Azeite obtido sem extração por solventes a partir de frutos frescos e sãos. O azeite é um alimento "natural e funcional" que possui propriedades nutricionais e curativas e que contém elevados níveis de AGMI, representados pelo ácido oleico, e vários componentes secundários bioactivos com benefícios para a saúde. Estes compostos estão presentes na fração insaponificável; o seu teor varia em função da variedade, do clima, do grau de maturação das azeitonas no momento da colheita, do sistema de extração e do tipo de azeite (vulgar, virgem e virgem extra) [**2**]. Representam cerca de 2 % do peso do azeite e são constituídos por mais de 230 substâncias pertencentes a diferentes categorias químicas: Tocoferóis, carotenóides, fenóis, compostos voláteis, álcoois alifáticos e terpénicos, aldeídos, clorofila e esteróis [3].[**3]** Os tocoferóis, os carotenóides e os fenóis são antioxidantes naturais responsáveis pelo sabor amargo e picante, mas também possuem propriedades terapêuticas valiosas (efeitos antioxidantes, anti-inflamatórios, antiaterogénicos e antimicrobianos) e podem combater os radicais livres e reduzir o risco de doenças crónicas como a diabetes, as doenças cardiovasculares e o cancro **[4].** As substâncias fenólicas também protegem o azeite da oxidação natural durante o armazenamento e do aparecimento de ranço. Os esteróis são os principais componentes da fração insaponificável do azeite (20 %) e estão presentes sob a forma livre e esterificada com ácidos gordos **[5]; os** mais importantes são o P-sitosterol, o A-5-avenasterol e o campesterol **[6];** estas substâncias contrariam a absorção intestinal do colesterol e conduzem a uma redução da hipercolesterolemia **[7]**. Os álcoois triterpénicos são utilizados na indústria farmacêutica pelos seus efeitos antitumorais, anti-inflamatórios e germicidas **[8]**.

[6]As clorofilas e os carotenóides, isoladamente ou em conjunto, são antioxidantes no escuro e pró-oxidantes à luz, o que lhes permite desempenhar um papel importante na estabilidade do azeite durante o armazenamento e na preservação da sua qualidade **[9,10]**. Na Argélia, existem atualmente cerca de 32 x 10 oliveiras numa área de 310 000 ha. O olival argelino é muito rico em variedades, mas apesar desta riqueza, poucos estudos sistemáticos se debruçaram sobre as variedades locais para avaliar a qualidade dos azeites, o que é prioritário em relação às exigências do mercado internacional e do COI (Conselho Oleícola Internacional). A autenticação dos azeites virgens (VOO) foi sempre um tema de atualidade. A determinação da origem varietal dos azeites é importante para o controlo da qualidade na indústria alimentar e para garantir um comércio justo. Demonstrámos que a composição em ácidos gordos dos azeites de variedade única ou dos azeites com denominação de origem protegida (DOP) é caraterística da variedade ou da origem geográfica dos azeites [**12 ,13**].

1- O objetivo do presente trabalho é, portanto, caraterizar os azeites de seis variedades argelinas (*Azeradj*, *Blanquette*, *Bouricha*, *Chemlal*, *Limli*, *Sigoise*), determinando a sua composição em ácidos gordos e estabelecendo um "morfotipo" para cada variedade. Estes dados serão particularmente úteis para uma eventual denominação de origem protegida e para a sua proteção contra a fraude **[14]**, bem como *para* melhorar a qualidade dos nossos azeites, seleccionando variedades de elevado desempenho em termos de composição química do azeite, a fim de satisfazer as exigências do mercado internacional em termos de padrão comercial.
2- Determinação da riqueza em compostos bioactivos benéficos para a saúde, como polifenóis, esteróis, tocoferóis, carotenóides e clorofila, para avaliar a sua qualidade comercial, nutricional e farmacológica, que se tornou prioritária face às exigências do mercado internacional e do Conselho Oleícola Internacional

Capítulo 1: A oliveira e o azeite

1-1 História da oliveira e do azeite

Olival no leste da Argélia

A oliveira "Olea europea" é a árvore de fruto mais antiga e certamente uma das árvores de fruto mais importantes da história da região mediterrânica. No passado, a oliveira era também um símbolo de paz e de boa vontade. .

De Barry N., 1999 [15], refere que os países mediterrânicos foram o primeiro berço da oliveira (Olea europea). A origem da oliveira permanece sempre incerta, mas é geralmente reconhecido que o berço da oliveira foi a Ásia Menor, bem como a Grécia, as Cíclades e as Espórades. Na mitologia grega, conta-se que Atena, a deusa da sabedoria e da paz, cravou a sua lança mágica na terra, que se transformou numa oliveira, pelo que o local onde a oliveira surgiu e cresceu se chamou Atenas, na Grécia. A madeira da oliveira era então utilizada para fazer gravuras de divindades gregas e para fabricar a clava de Hércules. Os primeiros vencedores dos Jogos Olímpicos eram recompensados pelos seus feitos com ramos de oliveira e jarras de azeite. **[16].** No terceiro milénio a.C., a oliveira era cultivada na Síria, na Palestina e depois, após a conquista e a expansão comercial, na Sicília, em Itália e na Tunísia,

A oliveira foi difundida pelos gregos, romanos e árabes durante a sua colonização.

Diz a lenda que Ísis, mulher de Osíris e mãe de Hórus, ensinou aos egípcios a técnica de extração do azeite.

As propriedades medicinais do azeite foram descritas por muitos escritores gregos antigos, e a sua importância para a nutrição e a prosperidade dos cidadãos gregos continua a ser atual.

1-2 Descrição botânica da oliveira

De acordo com **Henry S., 2003 [17],** a oliveira pertence a:

- **Cruzamento de fanerogâmicas** (flores, estames e pistilos e propagação por sementes).
- **Subcruzamento de angiospérmicas.**
- **Classe das dicotiledóneas**
- **Subclasse dos Asteridae**
- **Ordem dos Srophulariales**
- **Família das Oleaceae**
- **Género Olea : (Compreende** 30 a 40 espécies segundo os autores [**18 e 19**]
- **A espécie** Olea **europaea Linne** :Olea europea κ^ë é a única espécie mediterrânica representativa do género Olea.

1-3 Exigências climáticas da oliveira

As oliveiras desenvolvem-se bem em zonas secas com invernos suaves e verões longos e quentes, mesmo em caso de seca ou de ventos fortes. Desenvolvem-se bem em solos bem drenados até um valor de pH de 8,5 e toleram a água salgada.

As oliveiras são mais resistentes às doenças e aos insectos do que todas as outras árvores de fruto, pelo que são menos pulverizadas do que as outras culturas.

A oliveira parece estar perfeitamente adaptada ao clima ameno dos países mediterrânicos.

ththDe acordo com **Hannachi H. et al. 2007 [20], o** solo deve ter um elevado teor de azoto e o período de 15 de julho a 30 de setembro é muito importante para o desenvolvimento do fruto.

1-4 variedades de oliveiras

1-4-1 No mundo

A oliveira (Olea europea . L), uma espécie caraterística da paisagem mediterrânica, possui numerosas cultivares com uma grande diversidade fenotípica **[21**]. As origens destas variedades continuam por esclarecer.

Vários estudos sugerem que a interfertilidade entre as formas cultivadas e/ou as formas silvestres é o resultado da diversificação da oliveira cultivada.

Existem diversas variedades em todos os países mediterrânicos (**quadro 1)** [**22, 23 e 24**].

As variedades de oliveiras dividem-se em três categorias:

- Variedades oleaginosas caracterizadas por um rendimento variável em azeite.
- Variedades de mesa para consumo direto.
- Variedades com dupla capacidade (óleo e mesa)

1-4-2 na Argélia

As principais variedades de oliveira cultivadas na Argélia são enumeradas no **quadro 2.**

Quadro 1: Principais variedades de oliveiras cultivadas no mundo [21]

Country	Varieties	Using	Distribution IN hectares
Argentine	Arauco	Oil +Table	28 .670
	Arbequina	Oil	
Espagne	Picual	Oil	2.127 000
	Hojiblanca	Oil+ Table	
	Cornicabra	Oil	
	Lechin	Oil	
	Manzanilla	Oil+Table	
	Verdal de Badajoz	Oil	
	Empeltre	Oil	
	Arbequina	Oil	
	Cacerena	Oil+Table	
Etats –Unis	Manzanilla	Table	12 150
	Mission	Table	
France	Picholine	Table	20. 000
	Tanche	Table	
	Aglandau	Oil	
Grèce	Koroneik	Oil	630.800
	Conservolia	Table	
	Kalamata	Table	
	Mastoidis	Oil	
Israël	Souri	Oil	17 300
	Manzanilla	Table	
Italie	Frontoio	Oil	1.140 685
	Moraiolo	Oil	
	Leccino	Oil	
	Coratina	Oil	
	Carolea	Oil	
	Noccellara	Oil + Table	
	Belice	Table	
	Itrana	Table	
	Ascolana tenera	Table	
Liban	Soury	Oil +Table	32.000
Maroc	Picholine marocaine	Oil +Table	412 000
Portugal	Galega	Oil+Table	316 000
	Carrasquenha	Oil+Table	
	Redondil	Oil+Table	
Syrie	Al –Zeiti	Oil	405 000
	Al –Sorani	Oil	
	Al - Doebly	Oil +Table	
Tunisie	Chemlali	Oil	1.538 000
	Chetoui	Oil	
	Meski	Table	
Turquie	Ayvalik	Oil	877 700
	Cakir	Oil	
	Gemlik	Table	
	Memecik	Table	
	Dornat	Table	
Ancienne Yougoslavie	Oblica	Oil+Table	29 960
	Zutica	Oil+ Table	

Quadro 2: Orientação varietal da oliveira na Argélia [22]

Varieties	Area of culture	Importance	Pollinator	Destination	Observations
Sigoise	West Algeria (Oranie , Tlemcen)	25%	Cornicabra	Table + oil	Highly esteemed variety for the preservation and gives a good yield in oil (autofertile variety)
Cornicabra	West Algéria in association with Sigoise	5%	-	Table + oil	Very good pollinator of Sigoise Native of Spain
Sevillane	West Algéria (Plain of Oran)	3%	-	Table	Very attractive variety by the big calibre of fruits
Chemlal	Algérian Center (Kabylie)	10%	Azeradj Frontoio	oil	Gives a very appreciated oil by consumer. Resist in dry culture and present some inconveniences (Varieties autosterile , late bloming)
Azeradj	Algérian Center	15%	-	Table +oil	Very good pollinator of Chemlal
Bouchouk la Fayette	Algérian Center	2%	-	Table +oil	Good variety
Boukhenfas	Algérian Center	2%	-	oil	Give better results to the station of Sidi-Aich
Limli	East Algéria	8%	Azeradj	oil	Variety spread in the region of jijel to Sidi-Aich
Blanquette	East Algéria	20 % du verger de l'Est Algérien	-	Table +oil	Spread in the east region Algerian -
Rougette	East Algéria	12%	-	oil	is in association with the Blanquette -
Neb Djmel	Southeast Algerian	5%	-	Table + oil	Variety of the preSaharan regions
Frontoio	Center and east	1%	-	oil	Italian variety, good pollinator of Chemlal
Coratina	Center and east	1%	-	oil	Very rigorous and very productive Italian variety
Longue de Miliana	Centre and West	5%	-	Table +oil	Very located in the region of Miliana
Ronde de Miliana	Centre and West	5%	-	Table +oil	Very located in the region of Miliana
Picholine Marocaine	West Algeria	30 ù	-	oil	Very common with the Sigoise
Ascolana	West	-	-	Table	Excellent and regular fertility. Good rustic character of tree.
Hamma de Constantine	East Algéria	-	-	Table	Better variety of the region of Constantine for the preservation, requires irrigations.
Bouricha	East Algéria (Colo-Oued El Kebir)	5 à 6 %	-	oil	Cultivated in regions with strong pluviometry

Neste quadro, apresentamos apenas as variedades mais importantes. Existem várias variedades. No entanto, uma mesma variedade pode ter nomes diferentes consoante a região **(Loussert e Brousse 1998)**

1-5 Azeitona

O tamanho das azeitonas varia consoante a variedade. O fruto é constituído por três partes: Endocarpo (caroço), mesocarpo (polpa) e epicarpo (cutícula)

A composição química das azeitonas depende de vários factores: variedade, clima e condições de cultivo.

Quadro 3: Composição das azeitonas **[25]**

Constituents / Anatomical part	Water (%)	Lipids (%)	Proteins (%)	Carbohydrates (*) (%)	Ashes (%)
Pulp (épicarpe + mésocarpe)	24,2	56,40	6,8	9,9	2,66
Hull of pit	4,2	5,25	15,6	70,3	4,16
Amandon	6,2	12,26	13,8	65,6	2,16

(*) and substances of membranes

As vitaminas A, Bl, B2, PP e E são sintetizadas durante o período de maturação do fruto.

A azeitona contém igualmente os seguintes ingredientes:

- Manitol (nas azeitonas verdes)
- Corante vermelho: O^acyanin
- um amer glucosídeo amargo: oleuropëosídeo ou oleuropëina
- Ácido oleanólico
- Glutatião
- Diástases: libertação e ação impulsiva sobre a oleuropina
- . Uma cera e uma resina segregadas pelo epicarpo. **[26]**

Azeitonas do Leste da Argélia

1-6 Azeite

Desde a implementação do plano nacional de desenvolvimento agrícola (PNDA) em 2000, a olivicultura argelina tem sido fortemente promovida pelo Estado. **[27]**.

Na Argélia, os produtores adaptaram-se às normas internacionais, modernizando as suas instalações de produção petrolífera, abrindo-se ao ambiente e, sobretudo, rotulando os seus produtos e sensibilizando para um produto melhor.

1-6-1. produção de azeite

Quadro 4: Produção de azeite no mundo [**28**]

Pays	Pays Production (1000 tonnes)	Production (% total Monde)
Espagne	1200	41,6
Italie	540	18,7
Grèce	348	12,1
Portugal	50	17
France	5	0,2
Total Europe	**2148,4**	**74,6**
Syrie	150	5,2
Turquie	147	5,1
Tunisie	140	4,9
Maroc	95	3,3
Algérie	50	1,7
Total Monde	**2881,5**	

Quadro 5: Consumo mundial de azeite [**29**]

Pays	Consommation (1000 tonnes)	Consommation (% total Monde
Italie	710	25,0
Espagne	560	19,7
Grèce	220	7,7
France	108,8	3,8
Portugal	74	2,6
Royaume Uni	55,5	2,0
Allemagne	51,4	1,8
Total Europe	**1856,5**	**65,4**
Etats-Unis	260	9,2
Syrie	120	4,2
Turquie	98	3,5
Maroc	70	2,5
Algérie	50	1,8
Brésil	42,5	1,5
Tunisie	35	1,2
Japon	29,5	1,0
Total Monde	**2839**	

Os quadros 4 e 5 mostram que o azeite é sobretudo um produto mediterrânico, tanto em termos de produção como de consumo.

A Argélia é o maior produtor mundial de azeite, depois de Espanha, Itália, Grécia e Tunísia, por ordem ascendente.

A fim de reduzir os custos de importação de óleos vegetais, a Argélia lançou um vasto programa de desenvolvimento da olivicultura e da produção de azeite.

O Ministério da Agricultura tomou medidas importantes para este sector, medidas essas que se destinam a aumentar a produção e a melhorar a qualidade.

Os olivicultores devem respeitar as normas internacionais, modernizando as suas instalações de extração, abrindo-se ao ambiente e, sobretudo, rotulando e dando a conhecer os seus produtos, a fim de obter um produto melhor.

1-6-2 Factores que influenciam a qualidade do azeite

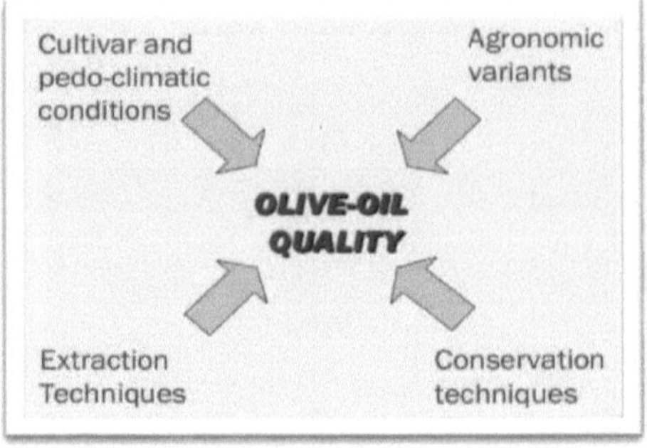

Figura 1: Factores que influenciam a qualidade do azeite

A figura 1 mostra os factores que influenciam a qualidade do azeite. Vários estudos demonstraram que a qualidade do azeite depende essencialmente da interação entre a cultura e o ambiente e, em particular, do grau de maturação dos frutos. [**20, 21 e 30**] Estes autores mostraram que o teor total de compostos fenólicos e de clorofilas diminui com a maturação das azeitonas.

A qualidade do azeite pode também ser determinada pelos métodos utilizados na colheita das azeitonas e pelas condições e duração da sua armazenagem. **[31]**

No que se refere à fase de transporte, as azeitonas devem ser transportadas em caixas de plástico perfuradas para permitir uma boa ventilação dos frutos e evitar o esmagamento e a fermentação, que afectam a qualidade. **[32]**

Transporte de azeitonas

No entanto, nem sempre é possível obter azeite imediatamente após a colheita, especialmente em anos de elevada produção. Nestas condições, as azeitonas são armazenadas em locais frescos e ventilados ou em caixas de plástico perfuradas; o processo de deterioração é lento.

1-6-3 Processo de extração do azeite

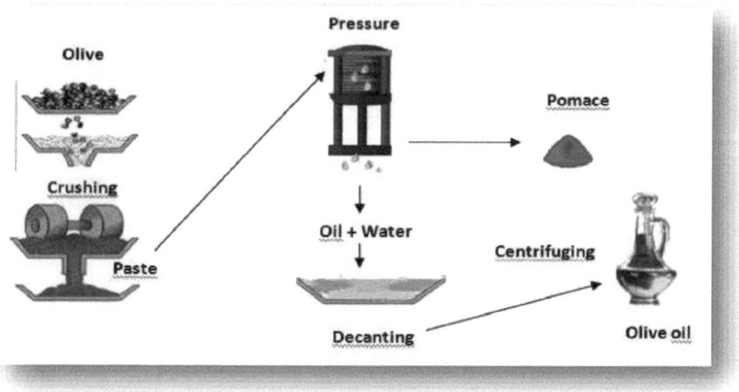

Figura 2: Processo de extração do azeite

As etapas básicas da produção de azeite são sempre as mesmas, independentemente do tipo de aparelho utilizado (Figura 2).

Limpeza das azeitonas

A primeira etapa do processo de extração do azeite consiste em limpar as azeitonas e remover os caules, as folhas, os ramos e outros detritos das azeitonas. As azeitonas devem ser lavadas com água para remover os pesticidas, etc. As pedras e a areia podem danificar o decantador centrífugo ou o separador de azeite.

Cortar as azeitonas numa pasta

Na segunda fase, as azeitonas são esmagadas até se transformarem numa pasta. O objetivo da trituração é romper as células da polpa para facilitar a libertação do azeite dos vacúolos. Esta etapa pode ser efectuada com moinhos de pedra, moinhos de metal dentado ou diferentes tipos de moinhos.

Malaxar a pasta

Ao misturar (malaxing) a pasta durante 20 a 45 minutos, as pequenas gotas de óleo podem combinar-se para formar gotas maiores. Trata-se de uma etapa essencial. Durante este processo, a pasta pode ser aquecida ou pode ser adicionada água para aumentar o rendimento, embora isto conduza geralmente a uma deterioração da qualidade do óleo. O misturador mais comum é uma calha horizontal com pás misturadoras em espiral. Tempos de mistura mais longos aumentam o rendimento do óleo, mas também levam a um tempo de oxidação mais longo, o que afecta o prazo de validade.

Separação do óleo da água e dos sólidos da planta

O passo seguinte consiste em separar o azeite dos outros componentes da azeitona. Antigamente, esta separação era feita por prensagem (daí as expressões "primeira prensagem" e "prensagem a frio", já um pouco ultrapassadas), mas atualmente é feita por centrifugação, exceto nas fábricas mais antigas. Algumas centrífugas são chamadas trifásicas porque separam o azeite, a água e os sólidos separadamente. As centrífugas bifásicas separam o óleo de uma pasta húmida. Na maioria dos casos, o óleo que sai da primeira centrífuga é processado numa segunda centrífuga, que gira mais rapidamente, para remover a água e os sólidos restantes. O óleo é então armazenado em tanques ou tambores onde é separado por gravidade, se necessário. Este processo é conhecido como engarrafamento do óleo. Finalmente, o óleo pode ser filtrado, se desejado.

Solid waste (Pomace) Elimination of leaves

1-6-4 Requisitos de qualidade

O azeite virgem é classificado de acordo com as suas propriedades físico-químicas e organolépticas. **[33, 34]**

O azeite é classificado, nomeadamente, em função da sua acidez. Existem três categorias de azeite virgem, que só é obtido por processos mecânicos ou físicos (lavagem, endurecimento, centrifugação e filtragem):

- **Azeite virgem extra**: A acidez deve ser inferior a 0,8 g/100 g de azeite.
- **Azeite virgem**: A acidez deve ser inferior a 2 g/100 g de azeite.
- **Azeite lampantes**: acidez superior a 2g/100g. Este azeite é considerado impróprio para consumo humano e deve ser destinado à refinação.

1-6-5 Importância dietética e nutricional do azeite

Os benefícios do azeite para a saúde são inigualáveis e a investigação está a descobrir novos benefícios quase diariamente. O azeite é a pedra angular da dieta mediterrânica - uma base nutricional essencial para as civilizações mais longevas do mundo.
O azeite tem um efeito nutricional-fisiológico, uma vez que contém o ácido gordo

monoinsaturado "ácido oleico" e componentes mais pequenos na sua composição. A utilização do azeite na medicina remonta aos tempos mais antigos.
Chaves. A. e al. (1986) [35]; **Jacotot B., (1999)36]** e **Kratz M. (2002) [37]**, mostraram que uma dieta rica em ácidos gordos monoinsaturados reduz o colesterol total e o colesterol LDL e aumenta o colesterol HDL, que tem um efeito protetor contra a aterosclerose. Estas lipoproteínas estão, de facto, envolvidas na absorção do colesterol pelas células.

O azeite tem um importante efeito digestivo e é utilizado no tratamento gastro-biliar e da obstipação.
Estudos epidemiológicos **[38, 39] mostraram** que a dieta mediterrânica tradicional, na qual o azeite desempenha um papel importante, desempenha um papel importante na prevenção dos factores de risco das doenças cardiovasculares, como a dislipidemia, a hipertensão arterial e a diabetes.
Beauchamp, G. e outros (2005) [40] sublinharam a presença de ingredientes activos naturais no azeite virgem que podem ter um efeito anti-inflamatório.

De acordo com **Cerralafuente E.L. (2002) [41]**, o azeite desempenha um papel importante na prevenção da diabetes, melhora a utilização da glicose pelas células e reduz o nível de triglicéridos no sangue. Estudos demonstraram que o azeite tem um efeito protetor contra certos tipos de tumores (próstata, endométrio, aparelho digestivo, mama, etc...**[42,43**].
O azeite também desempenha um papel contra o envelhecimento celular e a perda de memória relacionada com a idade(**[44])**.

O azeite também é recomendado para fritar, pois contém ácidos gordos monoinsaturados que o tornam mais resistente ao calor **[45].**
O interesse pelos benefícios do azeite para a saúde em geral é particularmente elevado devido às suas propriedades antioxidantes. Os antioxidantes são substâncias que protegem o organismo dos danos causados pelos radicais livres nocivos produzidos durante os processos corporais normais e causados pela luz solar, pela poluição e pelo fumo do tabaco. O azeite é um exemplo de uma fonte alimentar com um elevado teor de antioxidantes e pensa-se que protege o organismo dos danos causados pelos radicais livres, tendo assim uma função protetora contra o cancro **{46].**

Capítulo 2: Composição em ácidos gordos dos azeites de seis cultivares do leste e do sudoeste da Argélia

2-1 MATERIAIS E MÉTODOS

2-1-1 amostras de óleo

As amostras provêm do Leste e do Nordeste da Argélia. A figura 3 mostra as regiões olivícolas argelinas. As amostras de azeite virgem industrial (n=22) foram recolhidas em duas épocas de colheita (2009 e 2010). Os azeites provêm de seis cultivares argelinas: *Azeradj* (n=4; Bejaia, Skikda), *Blanquette* (n=7; Guelma, Soouk-Ahras), *Bourricha* (n=2; Skikda), *Chemlal* (n=5; Bourmerdes, Setif, Tarf, Tebessa, Tizi-ouzou), *Limli* (n=3; Jijel) e *Sigoise* (n=1; El- Oued).

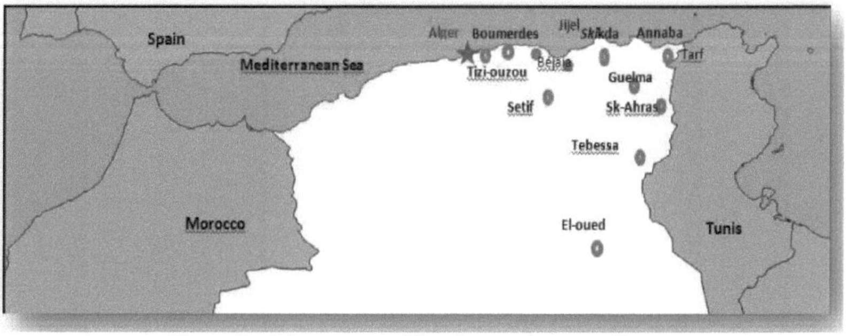

Figura 3: Origem geográfica dos azeites argelinos.

2-1-2 Determinação dos ácidos gordos

O azeite em *n-heptano* (0,12 g/2 m) foi desmetilado com uma solução fria de KOH (2M) (200 pl), de acordo com as normas da norma europeia NF EN ISO 5509 (2000)[**47**]. Os ésteres metílicos de ácidos gordos (FAME) foram analisados de acordo com a norma europeia NF EN ISO 5508 (1995). As análises experimentais foram efectuadas com um cromatógrafo de fase gasosa (GC) Agilent Technology 7890 A, equipado com um injetor split/split-less (t = 250 °C) e um detetor de ionização de chama (FID) (t = 250 °C). Foi utilizada uma coluna capilar de sílica (60 m x 0,25 mm d.i., 0,25 pm de espessura de película) revestida com Sulpelcowax (Supelco). A operação

As condições de separação eram tais que o gás de transporte (hidrogénio) era utilizado como saída. A pressão de entrada do hidrogénio como gás de arrastamento foi de 178 KPa a uma razão de 1:70. As condições de temperatura no forno foram as seguintes 20 min a 210 °C, de 210 °C a 245 °C a 6 °C/min, 20 min a 245 °C e o caudal foi de 13 ml/mn. Os picos foram identificados com base na retenção dos ésteres metílicos conhecidos.

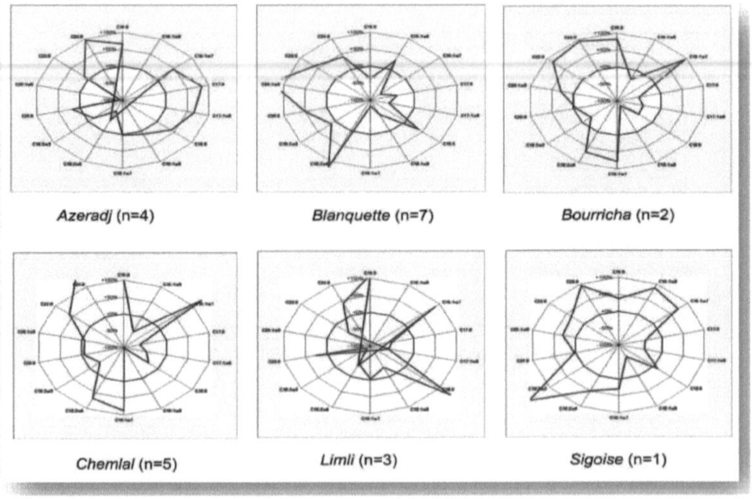

2-1-3 Morfograma

Figura 4: "Morfogramas" de óleos de seis cultivares argelinas.

Nomenclatura

A nomenclatura dos ácidos gordos encontrados no nosso estudo é a seguinte Ácidos gordos 14:0, ácido mirístico (ácido tetradecanóico); 16:0, ácido palmítico (ácido hexadecanóico); ácido hipogénico (ácido 7-hexadecenóico); ácido palmitoleico (ácido 9-

hexadecenóico); 17:0, ácido margárico (ácido heptadecanóico); ácido margaroléico (ácido 9-heptadecenóico); ácido oleico (ácido 9-octadecenóico); ácido cis-vaccenóico (ácido 11-octadecenóico); ácido linoleico (ácido 9,12-

ácido octadecadienóico); ácido linolénico (ácido 9,12,15-octadecatrienóico); 20:0, ácido araquídico (ácido eicosanóico); ácido gonóico (ácido 11-eicosanóico) **[11]**; 22:0, ácido beénico (ácido docosanóico); 24:0, ácido lignocérico (ácido tetracosanóico).

2-2 RESULTADOS E DISCUSSÃO

A composição em ácidos gordos dos óleos foi determinada por cromatografia em fase gasosa dos ésteres metílicos. Foram identificados catorze ácidos gordos e esqualeno em todas as amostras. O ácido oleico (18:1w9), o ácido palmítico (16:0), o ácido linoleico (18:2w6) e o ácido esteárico (18:0) são os principais ácidos gordos normalmente encontrados nos azeites. O ácido palmitoleico (16:1w7), o ácido hipogénico (16:1w9), o ácido oleico (18:1w9) e o ácido cisvacénico (18:1w7) são considerados entidades distintas no regulamento europeu, ao contrário do Codex Alimentarius, que os reconhece como um único componente. Foram também determinados seis ácidos gordos menores, incluindo o ácido margárico (17:0), o ácido margarólico (17:1w8), o ácido araquídico (20:0), o ácido gondólico (20:1w9), [**11]** o ácido behénico (22:0) e o ácido lignocérico (24:0). Os ácidos gordos que deixam apenas pequenos vestígios (<0,01%) não são tidos em conta.

O quadro 6 contém os resultados da análise qualitativa dos ácidos gordos dos azeites obtidos a partir de seis variedades. Os "morfogramas" são criados a partir dos valores médios dos ácidos gordos (figura 4).

O perfil de ácidos gordos dos azeites testados está em conformidade com a regulamentação do Conselho Oleícola Internacional [**48]**, do Codex Alimentarius [**49]** e da regulamentação europeia **[50]**, com exceção da amostra Sigoise (18:3w3>1%). Os óleos das diferentes variedades caracterizam-se por composições diferentes de ácidos gordos. As nossas observações mostram que as seis variedades são muito ricas em ácido oleico (C18:1w9). O teor em ácido oleico das variedades analisadas é, em média, de

72,70% para a *Azeradj*, seguida da *Blanquette* (67,18%), da *Bouricha* (64,29%), da *Chemlal* (63,73%), da *Limli* (69,19%) e da *Sigoise* (66,37%) (quadro 4).

As percentagens obtidas são próximas das das variedades tunisinas *Chemlal*, *Chetoui* e *Zelmati*, que são respetivamente de 60,62%, 65,66% e 62,15% [**51**], bem como das dos azeites franceses AOC Aix en-provence e Val^e des Baux [52]. [**52**] Estes resultados mostram que as seis variedades de azeite contêm quantidades significativas de ácidos gordos essenciais, especialmente a variedade *Blanquette*, que contém 15,65% de ácido linoleico, seguida dos azeites *Chemlal* e *Bouricha*, com 12,69% e 12,57% de 18:2w6, respetivamente. Além disso, a percentagem de ácido linoleico 18:3w3 varia, em média, entre 0,47 e 0,69% para o *Azeradj*,

Blanquette, *Bouricha*, *Chemlal* e *Limli*, com exceção da amostra *Sigoise*. O azeite Azeradj é o mais rico em 18:lw9 (72,70%), o *Chemlal* (63,73%), o *Limli* (69,19%) e o *Sigoise* (66,37%) (quadro 6). As percentagens determinadas são próximas das das variedades tunisinas *Chemlal*, *Chetoui* e *Zelmati*, que são respetivamente 60,62%, 65,66% e 62,15% [**51**], bem como das do azeite francês AOC Aix en-provence et Valtee des Baux. **[52]**

Estes resultados mostram que as seis variedades de azeite contêm quantidades significativas de ácidos gordos essenciais, especialmente a variedade *Blanquette*, que contém 15,65% de ácido linoleico, seguida dos azeites *Chemlal* e *Bouricha*, com 12,69% e 12,57% de 18:2w6, respetivamente. Além disso, a percentagem de ácido linolénico é de 18:3w3

varia em média entre 0,47 e 0,69 % para o *Azeradj*, *Blanquette*, *Bouricha*, *Chemlal* e *Limli*, exceto para a amostra *Sigoise*. O óleo de Azeradj é mais rico em 18:1w9 (72,70%), 17:0

(0,16%) e 17:1 e o pior na composição 18:2w6 (4,95%). Estes resultados estão de acordo com os trabalhos de Bakhouche et al [**53**] sobre os azeites da variedade *Azeradj* cultivados na Argélia, onde a composição em ácido oleico se situa entre 55 e 83% e os valores de ácido linoleico são baixos. No entanto, quando se analisa a composição de um ácido gordo essencial, a variedade *Blanquette* é a mais promissora, seguida da *Chemlal* e da *Bouricha*. Note-se que as percentagens médias da composição dos ácidos linoleico e linolénico em seis azeites durante as duas estações são suficientes para evitar uma carência de ácidos gordos para as pessoas que os utilizam como principal fonte de gordura na sua alimentação[**54]**.

A composição dos óleos Bouricha e Chemlal é semelhante. Os "morfogramas" permitem identificar "morfotipos" para cada tipo de óleo. Os "morfogramas" de *Bouricha* e *Chemlal* (figura 5) confirmam a semelhança entre eles. Além disso, o "morfotipo" do *Blanquette é* idêntico ao da variedade tunisina *Chetoui (figura* 3). Este facto confirma a hipótese de Loussert e Brousse [**55]** sobre a identidade e a semelhança entre estas duas variedades.

Este tipo de apresentação é particularmente adequado para reconhecer rapidamente as características dos azeites, do ponto de vista visual. Os ácidos gordos do azeite desempenham um papel importante no seu valor nutritivo e na sua qualidade organoléptica. Diversos factores, como a variedade, o estado de maturação do fruto, as condições climáticas, a armazenagem e o processo de extração utilizado, influenciam a composição em ácidos gordos dos azeites[**53 "56]**.

Figura 5: Comparação "Morfograma" entre o óleo Blanquette (vermelho)

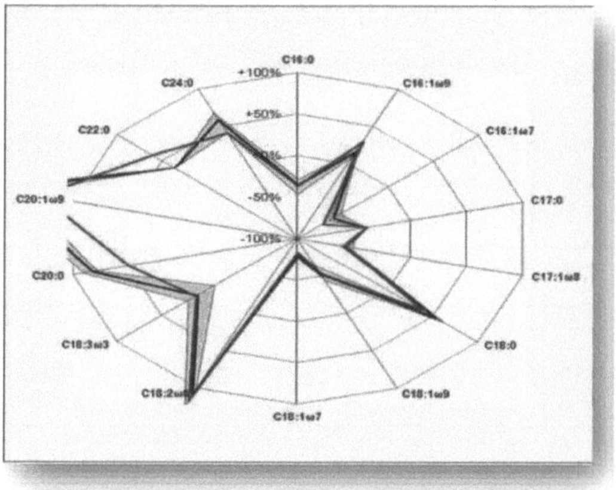

Óleo (azul)

Quadro 6: Composição em ácidos gordos1 de seis azeites virgens argelinos

Fatty acids	Azeradj			Blanquette			Bouricha			Chemlal			Limli			Sigoise
	n= 4			n=7			n=2			n=5			n=3			n=1
	Min	Max	Moy	Min	Max	Moy	Min	Max	Moy	Min	Max	Moy	Min	Max	Moy	
16:0	13.12	14.54	14.01	9.54	11.66	10.77	14.31	14.72	14.51	14.12	16.29	15.18	15.17	15.84	15.47	13.12
16:1ω9	0.02	0.08	0.04	0.13	0.14	0.14	0.10	0.12	0.11	0.08	0.12	0.10	0.04	0.05	0.04	0.17
16:1 ω7	1.10	1.44	1.26	0.23	0.36	0.33	1.63	1.68	1.65	1.43	2.18	1.90	1.40	1.93	1.59	1.47
17:0	0.10	0.20	0.16	0.05	0.05	0.05	0.04	0.04	0.04	0.03	0.04	0.03	0.04	0.04	0.04	0.05
17:1 ω8	0.17	0.32	0.27	0.06	0.06	0.06	0.08	0.09	0.09	0.07	0.09	0.08	0.06	0.07	0.06	0.09
18:0	2.54	2.95	2.74	2.58	2.80	2.71	1.84	1.93	1.88	1.83	2.15	2.01	3.46	3.97	3.73	2.43
18:1 ω9	71.38	74.52	72.70	64.86	68.79	67.18	64.11	64.47	64.29	60.83	64.52	63.06	68.73	68.98	69.19	66.37
18:1 ω7	2.28	2.58	2.42	1.14	1.48	1.37	3.27	3.40	3.34	3.68	3.20	3.46	2.14	2.73	2.35	2.75
18:2 ω6	4.44	5.44	4.95	13.97	16.85	15.65	12.43	12.70	12.57	11.48	13.80	12.69	6.27	6.33	6.30	11.66
18:3 ω3	0.60	0.67	0.63	0.61	0.78	0.69	0.57	0.65	0.61	0.51	0.69	0.60	0.45	0.55	0.47	1.01
20:0	0.40	0.42	0.41	0.43	0.49	0.45	0.38	0.38	0.38	0.36	0.42	0.38	0.41	0.44	0.42	0.39
20:1 ω9	0.20	0.25	0.21	0.38	0.42	0.39	0.30	0.32	0.31	0.24	0.31	0.28	0.16	0.18	0.17	0.31
22:0	0.11	0.13	0.12	0.13	0.15	0.14	0.15	0.15	0.15	0.12	0.15	0.14	0.10	0.10	0.10	0.13
24:0	0.07	0.08	0.07	0.06	0.07	0.06	0.07	0.07	0.07	0.07	0.09	0.08	0.05	0.08	0.06	0.07

2-3 CONCLUSÃO

A análise dos óleos de seis variedades provenientes do Leste e do Sudoeste da Argélia revelou ligeiras diferenças no seu perfil de ácidos gordos. Os resultados completos desta análise só foram obtidos com os azeites das seis variedades de 2009 e 2010. Estas variedades foram cultivadas durante várias épocas, a fim de confirmar a verdadeira identidade destes azeites, assegurar a sua classificação em termos de qualidade no mercado mundial do azeite e selecionar as melhores variedades de entre elas. Isto permitirá também selecionar as melhores variedades e difundir o seu cultivo em todo o território nacional e confirmar a DOC (Denominação de Origem Controlada) argelina.

Capítulo 3: Análise de componentes menores bioactivos em três azeites de variedades de oliveiras orientais

Argelino (Bouricha, Limli e Blanquette

3-1 Material e métodos

3-1-1 Material vegetal

Três azeites provenientes de três variedades de azeitona predominantes no leste da Argélia, principalmente nas regiões de Jijel, Guelma e Skikda (figura 3), foram objeto do presente estudo: Limli, Bouricha e Blanquette.

3-1-2 Apresentação de três variedades

As azeitonas utilizadas neste ensaio foram colhidas em oliveiras de três variedades pertencentes à antiga olivicultura do Leste da Argélia: Bouricha de Guelma, Limli de Jijel e Blanquette de Skikda, campanha 2014-2015.

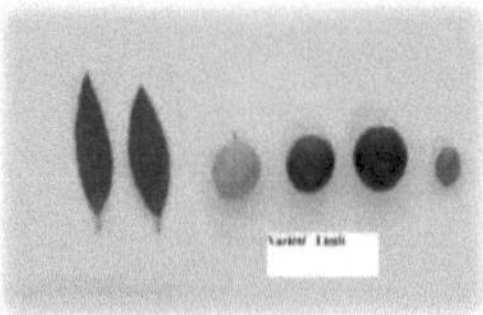

Variety Limli

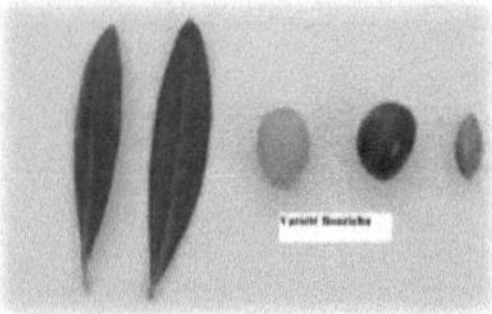

Variety Bouricha

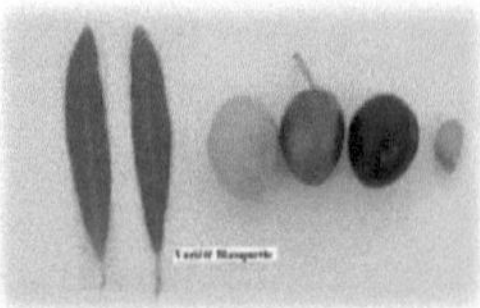

Variety Blanquette

3-1-3 Amostragem

A amostragem foi efectuada numa dúzia de árvores adultas durante a campanha olivícola de 2014/2015 e colhida entre novembro e dezembro. Uma única amostra de 10 árvores de cada variedade foi distribuída aleatoriamente no pomar. Cada amostra era constituída por 5 kg de azeitonas colhidas exclusivamente nas árvores **[57]**. As amostras foram colhidas na coleção do ITAFV em Taka^tz (Sidi-Aich). As azeitonas são colhidas no momento da maturação, ou seja, na fase em que o fruto é rico em azeite e desenvolve todas as suas propriedades nutricionais e organolépticas.

3-1-4 Extração de óleos

A extração dos azeites é efectuada num lagar de azeite, através de um sistema contínuo de pieralização bifásica com centrifugação, que permite separar o azeite do bagaço, que é humedecido pela água de vegetação das azeitonas. O azeite assim obtido é conservado a 4° C no frigorífico e depois utilizado para a dosagem.

3-1-5 Determinação da percentagem de matérias não saponificáveis

O método de extração e de dosagem das matérias insaponificáveis está em conformidade com o Regulamento (CEE) n.º 2568/91. O teor de matérias insaponificáveis é determinado de acordo com a seguinte relação: % insaponificável = massa insaponificável/massa da amostra de azeite x 100. O método utilizado para determinar os esteróis é o GC em coluna capilar. Neste estudo, foram analisados os chamados minerais bioactivos, como os esteróis, os compostos fenólicos, os pigmentos (clorofilas e carotenos), os álcoois alifáticos e os terpenos **[58]**.

3-1-6 Determinação dos esteróis, do eritrodiol e do uvaol

É utilizado o método descrito pela Comissão da União Europeia (Regulamento (UE) n.º 1348/2013). A fração insaponificável é extraída com éter etílico. Os esteróis são isolados por cromatografia em camada fina.

- **Preparação de éteres trimetilsilílicos :**

Os esteróis são dissolvidos com um reagente de sililação piridina/hexametildisiazano/trimetilclorosilazano 9:3:1 (v/v/v). Depois de centrifugada durante 2 minutos e deixada em repouso durante 20 minutos, a solução é utilizada para análise por GPC. A sililação deve ser efectuada 15 minutos antes da injeção.

- **Análise do extrato sililado dos insaponificáveis por GC-FID:**

O filtrado assim obtido é analisado num cromatógrafo Carlo-Erba HRGC MEGA Série

5160 ligado a um integrador-registador Carlo-Erba Mega Series equipado com um detetor de ionização de chama, nas seguintes condições de funcionamento Coluna capilar (fase estacionária 50 % metilo, 50 % fenilpolissiloxano) com 30 m de comprimento e 0,32 mm de diâmetro interior, com uma espessura de película de 0, temperatura do injetor: 300° C, temperatura do detetor (FID): 325° C, gás de arrastamento: azoto (caudal: 1 ml/min, volume injetado: 0,2 pl. A identificação dos picos baseia-se em cromatogramas de referência obtidos pelo método nas mesmas condições de trabalho (CEE, n.º 1348/2013) e estabelece os limites dos tempos de retenção relativos dos diferentes esteróis em relação ao colesterol.

3-1-7 Determinação dos álcoois alifáticos e triterpénicos

A identificação dos triterpenos e dos álcoois alifáticos é mais difícil do que a dos esteróis, uma vez que os álcoois triterpénicos são biogeneticamente o resultado de várias formas de policiclização e de conversão do epoxisqualeno **[59]**. O método utilizado é o descrito no Regulamento (CE) n.º 796/2002. Após o isolamento do material insaponificável por cromatografia em camada fina, a banda que contém os álcoois alifáticos e triterpénicos diretamente acima dos esteróis é dissolvida em clorofórmio, filtrada e o solvente evaporado.

- **Produção de éteres trimetilsilílicos:**

Os álcoois são dissolvidos com um reagente de silinização: piridina/hexametildisilazano/trimetilclorossilazano: 9:3:1 (v/v/v , após 2 minutos de centrifugação e 20 minutos de repouso, a solução é utilizada para análise GC. Para a análise quantitativa, é introduzido um padrão interno (0,25 ml de eicosanol).

- **Análise GC-FID da fração alcoólica:**

O filtrado assim obtido foi analisado por GC num cromatógrafo Carlo-Erba HRGC MEGA Series 5160 ligado a um integrador Carbo-Erba Mega Series equipado com um detetor de ionização de chama e uma coluna capilar (fase estacionária 50 % metilo, 50 % fenilpolissiloxano) com 30 m de comprimento, 0,32 mm de diâmetro interno e 0,25 pm de espessura de película. As condições de funcionamento são as mesmas que para os esteróis, com a exceção de que a temperatura da coluna não é isotérmica: a temperatura do forno é programada de acordo com um gradiente de 3° C./min: 215° C.

(5 min): e sobe até 290° C (2 min). Os picos são identificados utilizando cromatogramas de referência preparados de acordo com o método, nas mesmas condições de trabalho **[59]**.

3-1-8 Determinação dos polifenóis totais

A avaliação dos polifenóis totais no óleo foi expressa em mg/kg de hidroxitirosol e determinada pelo método colorimétrico utilizando o reagente Folin-Ciocalteau, tal como descrito por Montedoro *et al [60]*. O teor de compostos fenólicos totais foi expresso como equivalente de ácido gálico (GAE) em mg/g de extrato **[61]**.

3-1-9 Determinação do teor de clorofila

O teor de pigmentos clorofílicos do azeite é determinado pelo método descrito por Wolff e Mosquera Minguez *et al* [**62, 63**]. Este método consiste na quantificação por espetrofotometria nos comprimentos de onda de 630, 670 e 710 nm. O teor de clorofila é determinado pela seguinte relação: Clorofilas (ppm) = A670 - (A630 + A710)/2.

3-1-10 Determinação do teor de carotenóides

Este teor é determinado por um método espetrofotométrico de acordo com o método de Mosquera Minguez *e al[63]*. A absorvância dos carotenóides (P-caroteno, xantofilas e luteína) mostra que estes absorvem a azul e ligeiramente a verde, com um máximo a 420, 440 e 460 nm. A absorção a 470 nm é relativa à proporção de carotenóides. O teor de carotenos é determinado de acordo com a seguinte fórmula Carotenos (ppm) = (A470 x 25 x 10000) / (2000 x 7,5) [**63**].

Análise estatística

Os valores dos parâmetros investigados foram expressos em média com maior ou menor desvio padrão; o número de repetições foi de 3. Estas análises foram efectuadas com o software "Minitab Statistical Software".

3-2 Resultados

3.2- 1 esteróis no total

O quadro 7 apresenta o teor de esteróis dos três azeites. A variedade Bouricha registou os valores mais elevados (1649,7 mg/kg), seguida da variedade Limli (1524,1 mg/kg) e da variedade Blanquette, com um teor de 1370,03 mg/kg

Quadro 7: Esteróis totais dos três óleos, expressos em mg/kg

Cultivar	Bouricha	Limli	Blanquette
Total sterols mg/kg	1649,7	1524,1	1370,03

Total sterols ≥1000 mg / kg (EEC regulation).

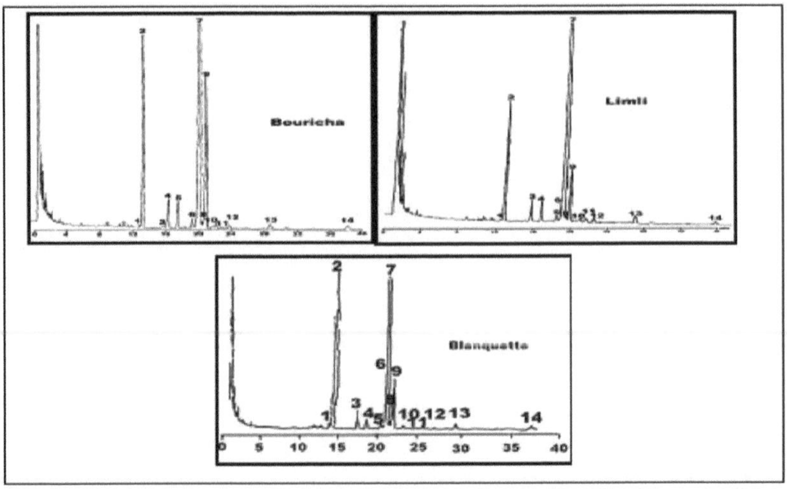

Figura 6: Cromatograma dos compostos esteróis dos azeites virgens extra das três cultivares. 1: colesterol, 2: padrão interno (a-colestanol), 3: campesterol, 4: estigmasterol, 5: Д7-campesterol, 6: clerosterol, 7: 0-sitosterol, 8: sitostanol, Д5-24-estigmastadienol, 11: Д7-estigmastenol, 12: A7-avenasterol, 13: eritrodiol, 14: uvaol.

3.2.2 Identificação e quantificação de desmetilesteróis, dialcoóis e triterpenos

A figura 6 mostra os cromatogramas da fração esterol dos diferentes esteróis e a tabela 8 mostra as proporções dos diferentes esteróis dos três óleos das três variedades, expressas em %. A análise da fração de esteróis mostra a presença de 11 compostos de esteróis, sendo os mais importantes o sitosterol, o △ 5 avenasterol, o campesterol, o estigmasterol e o clerosterol.

O componente esterólico mais frequente é o 0-sitosterol, um esterol caraterístico do azeite; as variedades Bouricha e Blanquette apresentam teores bastante semelhantes (67, 69%), enquanto o azeite Limli é mais rico neste esterol (81%). Em contrapartida, a variedade Bouricha é mais rica em A5 avenasterol do que as outras duas variedades. O teor de campesterol e de estigmasterol no óleo de os três óleos são praticamente idênticos. Os outros compostos esterólicos estão presentes em quantidades muito reduzidas em todos os óleos. Dois álcoois triterpenóides, o eritrodiol e o uvaol, também constam deste quadro. O teor de eritrodiol é mais elevado nos três óleos do que o de uvaol (1,5, 0,3).

Quadro 8: Composição em esteróis dos três óleos, em %

Cultivar Peak	Bouricha %	Limli %	Blanquette %	Sterol Name
Methylsterols				
1	0,15± 0,01	0,17± 0,01	0,12± 0,01	**Cholestérol**
2	3,23± 0,02	2,97± 0,04	3,15± 0,01	**Campestérol**
3	2,15± 0,03	2,62± 0,01	1,55± 0,02	**Stigmastérol**
4	0,04± 0,01	0,12± 0,02	0,13± 0,01	**Δ7-campestérol**
5	0,95± 0,02	0,97± 0,01	1,16± 0,02	**Clerostérol**
6	67,84± 0,03	81,59± 0,04	69,36± 0,03	**B-Sitostérol**
7	0,46± 0,01	0,65± 0,02	0,54± 0,01	**Sitostanol**
8	23,20± 0,01	7,79± 0,01	8,99± 0,02	**Δ5-Avénastérol**
9	0,63± 0,02	0,25± 0,01	0,54± 0,01	**Δ5-24 Stigmastadiénol**
10	0,20± 0,01	0,52± 0,02	0,37± 0,01	**Δ7-Stigmasténol**
11	0,42± 0,02	0,68± 0,01	0,22± 0,01	**Δ7-Avénastérol**
Triterpenic Dialcohols				
12	1,683± 0,01	1,540±0,03	1,533±0,01	**Erythrodiol**
13	0,23± 0,01	0,36±0,01	0,333±0,01	**Uvaol**

*Limites établis par la réglementation CEE : cholestérol ≤ 0,5%, campestérol ≤ 4,0 %, stigmastérol < campestérol, Δ7-stigmasténol ≤ 0,5 %, sterols totaux ≥1000 mg/kg.

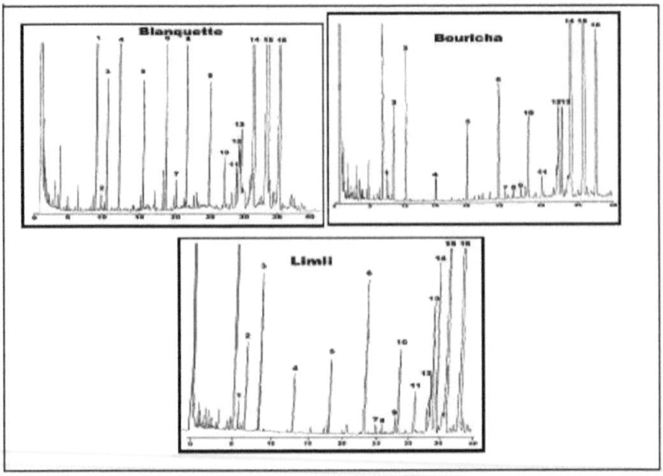

Figura 7 Perfil cromatográfico GC/FID dos álcoois presentes nos azeites das três variedades. 1 : fitol, 2 : geranil-geraniol, 3 : eicosanol C20 (padrão), 4 : docosanol C22, 5 : tricosanol C23, 6 : tetracosanol C24, 7 : pentacosanol C25, 8 : hexacosanol C26, 9 : Heptacosanol C27, 10 : Octacosanol C28, 11 : Butirospermol, 12 : 0-Amirina, 13 : a-Amirina, 14 : Cicloartenol, 15 : 24-Metileno-Cicloartenol, 16 : Citrostadienol.

3-2-3 Alifáticos, di-terpenos e triterpenos não cíclicos - composição

A figura 7 mostra vários compostos com estruturas diferentes que foram cromatografados em conjunto: Álcoois alifáticos, cujo teor nos três azeites mostra a predominância do álcool C24 com um teor mais elevado no azeite Limli (3, 98%), seguido do álcool C23, que tem um teor mais elevado no azeite Blanquette. No entanto, os teores de octacosanol (C28) e docosanol (C22) são mais elevados no azeite Limli. Os outros álcoois, C25, C26 e C27, estão presentes apenas em quantidades vestigiais nos três azeites. Álcoois triterpénicos tetracíclicos: o butirospermol está presente em menor quantidade do que o cicloartenol e o metilenocicloartenol. Álcoois triterpénicos pentacíclicos: A-amirina e P-amirina em quantidades médias em relação aos outros compostos. Citrostadenol em quantidades mais elevadas em todos os óleos.

A tabela 9 mostra a composição dos álcoois alifáticos (%) nos três óleos. Três álcoois dominam, nomeadamente os álcoois C24, C23 e C22. Esta composição ultrapassa o limite previsto pelo regulamento CEE, ou seja, 6,05 % para o Bouricha, 10,43 % para o Limli e 9,94 % para o Blanquette.

A tabela 8 mostra a composição dos álcoois diterpénicos e dos álcoois triterpénicos dos três óleos. Foram identificados dois álcoois di-terpenos não cíclicos; o geranilgeraniol tem uma percentagem mais elevada do que o fitol.

O geranilgeraniol tem uma percentagem mais elevada do que o fitol. Do mesmo modo, os três óleos contêm vários álcoois triterpénicos; o metilcicloclo-malol sozinho representa a percentagem mais elevada, especialmente no óleo de Blanquette, seguido do cicloarenol, do citrostadienol, da P-amirina, da a-amirina e do butirospermol.

Quadro 9: Composição dos álcoois alifáticos (%)

Cultivar Peak	Bouricha %	Limli %	Blanquette %	Alcohol
4	0,59± 0,02	1,40± 0,01	1,34±0,01	**Docosanole C22**
5	1,8± 0,02	1,89±0,01	3.33±0,01	**Tricosanole C23**
6	2.79± 0,01	3.98±0,02	2.82±0,03	**Tétracosanole C24**
7	0,19± 0,01	0,07±0,01	0,08±0,02	**Pentacosanole C25**
8	0,26± 0,01	0,24±0,01	0,16±0,01	**Hexacosanole C26**
9	0,20± 0,01	0.42±0,02	0,42±0,02	**Heptacosanole C27**
10	0,22± 0,01	2,43±0,01	1,79±0,01	**Octacosanole C28**
	6,05	10,43	9,94	Total aliphatic alcohol

Quadro 10: Composição dos álcoois diterpénicos e dos álcoois triterpénicos dos três óleos

Cultivar Peak	Bouricha %	Limli %	Blanquette %	Name of alcohols
Triterpenic Alcools				
11	0,65±0,01	1,39±0,01	0,66±0,01	**Butyrospermol**
12	5,76±0,02	6,34±0,03	2,19±0,01	**B-anirine**
13	3,78±0,01	7,01±0,03	3,81±0,01	**α-anirine**
14	29,05±0,01	20,33±0,02	29,62±0,02	**Cycloarténol**
15	42,34±0,01	43,96±0,04	48,03±0,03	**24-méthyléne cycloarténol**
16	8,24±0,01	8,39±0,01	3,35±0,01	**Citrastadiénol**
No cyclic diterpenic Alcohols				
1	0,46±0,01	0,49±0,01	0,16±0,01	**Phytol**
2	1,65±0,03	1,66±0,01	2,44±0,01	**Geranil-geraniole**

3-2-4 Pigmentos corantes

3-2-4-1 Clorofilas

A figura 8 mostra os espectros das clorofilas brutas dos três óleos. Observam-se picos entre 500 nm e 700 nm, que correspondem à clorofila bruta, com o máximo de absorção entre 500 e 520 nm.

O quadro 11 apresenta o teor de clorofila dos azeites analisados em ppm. O teor de clorofila do azeite Blanquette (13,53 ppm) é o mais elevado.

Quadro 11: Teor de clorofila, expresso em ppm

Cultivar	Bouricha	Limli	Blanquette
Chlorophylls (ppm)	10,03± 0,03	13,53± 0,01	11,06± 0,01

Cultivar	Bouricha	Limli	Blanquette
Total Polyphenols (mg/kg)	133,3±0,01	121,3±0,01	83,36±0,03

Quadro 12: Teor de carotenóides, expresso em mg P-caroteno/kg de óleo

3-2-4-2 Carotenóides

A figura 9 mostra os espectros dos carotenóides brutos dos três óleos. Dependendo do comprimento de onda, observam-se diferentes picos de absorção (picos entre 350-500 nm e entre 600-700 nm).

Table 12 mostra a composição em carotenóides brutos dos azeites analisados, tendo os azeites Bouricha e Limli um teor mais elevado de carotenóides.

3-3 Discussão

O azeite virgem extra (EVOO) tem um valor biológico e terapêutico e é considerado um alimento funcional. As suas funções antioxidantes, anti-inflamatórias, anti-aterogénicas, hipolipidémicas e outras funções biológicas 1,2,3 são atribuídas à sua composição química, que é rica em AGMI e compostos menores como esteróis, álcoois gordos, diterpenos, triterpenos, polifenóis e

Figura 8: Espectro de absorção da clorofila dos azeites das três variedades

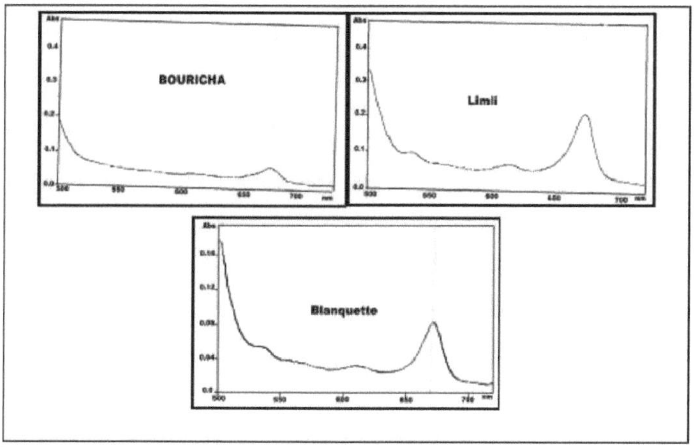

Quadro 13: Composição dos polifenóis totais, expressa em mg/kg de ácido cafeico

Figura 9: Espectro de absorção dos carotenóides nos azeites virgens das três

Cultivar	Bouricha	Limli	Blanquette
Carotenoids mg/100g	13,10± 0,02	12,82±0,04	10±0,01

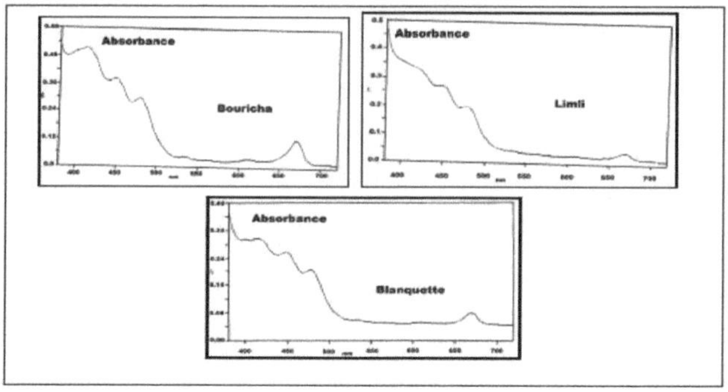

variedades

Carotenóides. Neste estudo, tentaremos discutir os resultados dos componentes individuais e a sua relação com a saúde.

O quadro 7 mostra que todas as variedades analisadas apresentam um teor de esteróis superior a 1000 mg/kg de azeite, o que corresponde ao valor mínimo prescrito pelo regulamento comunitário relativo à comercialização do azeite. Estes azeites são ricos em esteróis, nomeadamente o azeite de Bouricha. Segundo alguns autores, estes teores dependem de vários factores, incluindo a maturidade dos frutos e a variedade [**64, 65], bem como** os métodos de extração e as condições de armazenamento [**66]**.

A avaliação do teor de esteróis é de grande interesse e é utilizada para caraterizar a origem de cada azeite, classificá-los por variedade e origem, verificar a sua autenticidade e, eventualmente, detetar fraudes [**66**]; são também compostos importantes para a estabilidade dos azeites, pois protegem-nos de temperaturas elevadas, actuando como inibidores das reacções de polimerização **[67].**

A sua importância para a saúde está também relacionada com a sua semelhança estrutural com o colesterol, o que lhes confere um efeito hipocolesterolemiante quando são consumidos em quantidades suficientes na alimentação, uma vez que competem com o colesterol alimentar e reduzem a sua absorção **[68]**. Têm também propriedades anti-inflamatórias, antibacterianas, antifúngicas, antitumorais e anti-ulcerativas [**69**].

A figura 6 e a tabela 8 mostram o perfil cromatográfico da fração de esteróis e dos álcoois triterpenóides. Os três óleos são caracterizados pela predominância de quatro esteróis: P-sitosterol, campesterol, + A-5-avenasterol e estigmasterol. Os outros esteróis presentes nestes óleos são: Colesterol, A-7-campesterol, clerosterol, A-5,25-estigmastadienol, A-7-estigmasterol e A-7-avenasterol. Estes resultados são consistentes com os de vários autores que referiram que o P-sitosterol, o A5-avenasterol e o campesterol são os principais esteróis nos azeites das variedades espanhola **[69]** e portuguesa **[70], enquanto os** outros esteróis estão presentes em quantidades reduzidas4.

O valor médio mais elevado de P-sitosterol é observado no azeite da variedade Limli, com 81,59%, semelhante ao da variedade tunisina Chetoui, referido por Bentemime S. et al. em 2008 **[71]**. As três variedades analisadas têm uma composição média de campesterol de 3,25 % a 3,97 %, o que corresponde ao Regulamento (CEE) n.º 2568/91, que estabelece um limite de 4 %. Estes resultados estão de acordo com os dos autores que analisaram os azeites espanhóis [**65]** e tunisinos **[65].**

[72] . O estigmasterol é um parâmetro que reflecte a qualidade do azeite. O seu teor apresenta uma correlação elevada com a acidez e varia em função das propriedades organolépticas do azeite.

[73] . Os azeites que contêm mais estigmasterol do que campesterol são classificados como de baixo teor (azeite lampante).

Quanto à relação destes esteróis com a saúde, os estudos demonstraram que os efeitos dos esteróis do azeite são atribuídos ao P-sitosterol, o principal esterol do azeite. Este reduz os níveis de colesterol LDL, contraria a absorção intestinal do colesterol, tem um efeito antitumoral e desempenha um papel na prevenção de certos tipos de cancro (próstata, cólon) **[74]**. Por outro lado, diz-se que o △5-avenasterol tem um efeito antioxidante **[74]**. Dois álcoois triterpénicos são cromatografados com esteróis, o eritrodiol e o uvaol; a sua determinação pode ser útil para a deteção de azeite no azeite virgem. De acordo com a regulamentação CEE, o teor de eritrodiol + uvaol no azeite virgem não deve exceder 4,5 % (Regulamento CEE 2013). Estes resultados estão em conformidade com os de vários autores que trabalharam com azeites espanhóis [**75**] e tunisinos **[72]**. Em comparação com as percentagens de esteróis, as percentagens de eritrodiol e uvaol fornecem informações sobre os azeites extraídos mecanicamente e por solvente; a sua avaliação é essencial para uma boa identificação dos tipos de azeite **[75]**. O teor de eritrodiol também permite diferenciar o grau de maturidade dos óleos. Química alimentar [**76]**

A composição dos álcoois alifáticos das três variedades excede o limite especificado no Regulamento CEE, nomeadamente 6,05% para a Bouricha, 10,43% para a Limli e 9,94% para a Blanquette (Quadro 9). Isto pode dever-se aos métodos de extração dos azeites, segundo os autores [**59**]. Os métodos de extração dos óleos influenciam fortemente este teor. De acordo com Salvador et al., a concentração de clorofila pode variar entre 80 mg/kg para azeites nas primeiras fases de maturação e 2 mg/kg quando o fruto tem paredes bastante espessas **[65**], o teor de pigmentos, clorofilas e carotenóides varia entre 1 e 54.4 mg/kg de clorofilas e 2,6 a 22,5 mg/kg de carotenos; Sarolic *et al* [**77] mostraram** que esta variação é de 3,86 a 4,75 mg/kg de clorofilas e 1,89 a 2,06 mg/kg de carotenos. Os teores de pigmentos são superiores aos de Sarolic; são também superiores aos das variedades argelinas, Chemlal de outras regiões, Sigoise, Tableout e Frantoio, encontrados por Zegane *et al* **[78]** (1 a 2,8 para clorofilas e 0,7 a 1,7 mg/kg para carotenóides).

As clorofilas e os carotenóides são agentes corantes do azeite que desempenham um papel importante na atividade oxidativa do produto devido ao seu carácter antioxidante no escuro e ao seu carácter pró-oxidante à luz. Um baixo teor de clorofila reduz o risco de oxidação [**79**]. Muitos estudos mostram que as clorofilas e os seus derivados têm propriedades antioxidantes [**80**], as propriedades terapêuticas da clorofila e dos seus derivados são numerosas, incluindo a prevenção de certos cancros, a normalização da pressão sanguínea, a estimulação do sistema imunitário e a desintoxicação do fígado [**81**] gane *et al*.39 (1 a 2,8 para as clorofilas e 0,7 a 1,7mg/kg para os carotenóides).

Estudos in vitro e em animais mostraram que os carotenóides podem proteger contra vários tipos de cancro e são também componentes únicos de uma dieta saudável, desempenhando um papel importante como vitaminas antioxidantes. A vitamina A, o carotenoide mais importante, promove o crescimento, o desenvolvimento embrionário e a função visual. Os carotenóides também induzem enzimas metabólicas de fase I e de fase II que desempenham um papel na desintoxicação de carcinogéneos [**82, 83**].

Os azeites analisados têm teores médios de polifenóis de 133 mg/kg de Bouricha, 121 mg/kg de Limli e 83 mg/kg de Blanquette, que são comparáveis aos determinados por Benaziza e Semad (**84**) para outros azeites argelinos, com teores entre 116,50 e 241,33 mg/kg. São muito inferiores aos das variedades marroquinas, que variam entre 182 e 514 mg/kg. Os compostos fenólicos passam para o azeite durante a extração. São considerados antioxidantes naturais que protegem o azeite da oxidação e lhe conferem uma melhor estabilidade de conservação e um sabor amargo [**83**]. Estas variações podem dever-se ao diferente grau de maturação das azeitonas antes da trituração (colheita precoce das azeitonas), à variedade cultivada e à zona geográfica [**85**].

Os efeitos positivos do azeite são atribuídos principalmente aos polifenóis, nomeadamente ao seu efeito antioxidante. De acordo com Bonanome *et al*[**86**], estes compostos podem exercer um efeito antioxidante in vivo, especialmente na fase pós-prandial. Um estudo realizado por um grupo europeu que testou dois azeites: um azeite virgem muito rico em polifenóis (366 mg/kg) e um azeite de mistura obtido a partir de uma mistura de azeite virgem e azeite refinado, moderadamente rico em polifenóis (164 mg/kg), mostrou que o azeite rico em polifenóis tem um efeito antioxidante e aumenta o colesterol HDL [**88**].

3-4 Conclusão

O objetivo deste estudo foi avaliar três variedades de azeites da região olivícola do leste da Argélia através da determinação dos componentes menores da fração insaponificável destes azeites, que têm um elevado valor organolético, farmacológico e comercial e respondem às expectativas de consumidores cada vez mais exigentes em termos de saúde. A riqueza dos óleos em componentes menores varia consoante a zona geográfica e a variedade, sendo o óleo de Bouricha de Guelma o mais rico.

Seria necessário alargar este trabalho a estas variedades durante vários anos de cultivo da azeitona, a fim de confirmar estes resultados e de os alargar a outras variedades locais e, assim, sensibilizar os agricultores para melhorarem as técnicas de cultivo, armazenamento, transformação e conservação dos azeites, de modo a garantir a sua qualidade. É necessária mais investigação sobre os benefícios dos azeites para a saúde, incluindo o papel dos componentes menores.

Referências

1. D'Imperio M, Dugo G, Alfa M, Mannina L, Segre AL. Análise estatística dos azeites sicilianos. *FoodChem*. 2007; 102: 956-965. doi: 10.1016/j.foodchem.2006.03.003

2. Servili M, Selvaggini R, Esposto S, Taticchi A, Montedoro G. e Morozzi M. Propriedades sanitárias e sensoriais dos fenóis hidrofílicos no azeite virgem: aspectos agronómicos e tecnológicos da produção que afectam a sua presença no azeite. Journal of Chromatography A. 2004; 1054(1-2): 113-27. https://doi.org/10.1016/S0021-9673(04)01423-2

3. Servili M, Montedoro G. Contribuição dos compostos fenólicos para a qualidade do azeite virgem. Jornal Europeu de Ciência e Tecnologia dos Lípidos. 2002; 104:602-13. https:// doi.org/10.1002/1438-9312(200210)104:9/10<602::AID-EJLT602>3.0.C0;2-X

4. Cicerale S, Lucas L, Keast R. Actividades biológicas dos compostos fenólicos presentes no azeite virgem. Int J Mol Sci. 2010; 11(2):458-79. PMid:20386648 PMCid:PMC2852848. https://doi.org/10.3390/iims11020458

5. Phillips KM, Ruggio DM, Toivo JI, Swank MA. Simpkins AH. Composição de esteróis livres e esterificados de óleos e gorduras comestíveis. J Food Compos Anal. 2002; 15:123-42. https:// doi.org/10.1006/jfca.2001.1044

6. Boskou D, Blekas G, Tsimidou M. Composição do azeite. Boskou DD, editor. Olive oil, chemistry and technology. 2ª edição. Champaign Illinois: American Oil Chemists Society; 2006. p. 41-72. PMid:17110101.

7. Hendriks HF, Weststrate JA, van Vliet T, Meijer GW. Produtos para barrar enriquecidos com três níveis diferentes de esteróis de óleos vegetais e o grau de redução do colesterol em indivíduos normocolesterolémicos e ligeiramente hipercolesterolémicos. Eur J Clin Nutr. 1999; 53:319-27. PMid:10334658. https://doi.org/10.1038/si.ejcn.1600728

8. Herrera MD, Rodriguez-Rodriguez R, Ruiz-Gutierrez V. Propriedades funcionais dos triterpenos pentacíclicos presentes no azeite "orujo". Current Nutr Food Sci. 2006; 2:45-9. https://doi.org/10.2174/157340106775471976

9. Tekaya IB, Hassouna M. Ëtude de la stabil oxydative de l'huile d'olive vierge extra tunisienne au cours de son stockage). OCL. 2005; 12(5-6):447-54. https://doi. org/10.1051/ocl.2005.0447

10. Giuffrida D, Salvo F, Salvo A, La Pera L, Dugo G. Composição pigmentar dos azeites virgens monovarietais de diferentes variedades de azeitona da Sicília. Food Chemistry. 2007; 101:833-7. https://doi.org/10.1016/Lfoodchem.2005.12.030

11. Bensemmane A. Dëveloppons le secteur de l'huile d'olive en A^rie, *Filaha Innove* n°4, avril mai [Em francês]. 2009. website. http://filaha-dz.com/Filahainove/revue4.pdf.

Acedido em 18 de novembro de 2016

12. Ollivier D, Artaud J, Pinatel C, Durbec JP, Сиёрёге M. Triacilglicerol e composições de ácidos gordos dos azeites virgens franceses. Caracterização por quimiometria. *J Agric Food Chem*. 2003; 51 (19): 5723-5731. doi: 10.1021/jf034365p

1.1. Ollivier D, Artaud J, Pinatel C, Durbec JP, Оиётеге M. Diferenciação do azeite virgem francês DOP por características sensoriais, composições de ácidos gordos e triacilgliceróis e quimiometria. *Food Chem*. 2006; 97(3): 382-393.

14. Olivier D. Recherche d'adu^ration dans les huiles vëgëtales: Application a la qualrt^ des huiles vierges et notamment de l'huile d'olive [Em francês]. *Lipids*. 2003; 10(4): 315. doi: 10.1051/ocl.2003.0315

15. De Barry. N, (1999). L'Abëcëdaire de l'huile d'olive. Ëd. Flammarion, França.

16. Besnard. G, Bervil^ .A, (2005). Les Origines de l'Olivier (Olea europaea L.) et des oteastres. Ëa. AITAE, AEP,

17. Henry. S (2003), L'huile d'olive, son 1п1ërë1 nutritionnel, ses utilisations en pharmacie et en cosmëtique .Thëse : universrtre Henri-Poincare - Nancy. Página 9 -13.

18. Cronquist. A. (1988) The Evolution and Classification of Flowering Plants, 2nd edition Bronx, N.Y USA: The New York Botanical Garden,
/
19. Gaussen.H 1982 Prëcisdebotanique, tome2,2ëme ëdition

20. Hannachi. H, M'Sallem. M, Benalhadj .S, EL-Gazzah. M (2007) Influence du site gëographique sur les potentialities agronomiques et technologiques de l'olivier (Olea europaea.L) en Tunisie. C.R. Biologies 330, pp. 135-142.

21. Grati Kamoun . N (2007). Etude de la diversrtre gënëtique de l'olivier en Tunisie - Approche pomologique, chimique et moteculaire. Tese de doutoramento em ciências biológicas - Institut de l'olivier .FacuNº des sciences de Sfax / Universe de Sfax. 68-70

22. Loussert. R e Brousse. G (1978). L'olivier; Ed. G.P. Maisonneuve et Larose . Paris, 462 pp.

23. Barranco. D e Rallo. L (2005). Epoces de Floracido y Maduracion . Cap. 5 . in variedades de olivo en Espana (Libro II) . Junta de Andalucia (MAPA) Ed. Munidi-Prensa / Madrid.

24. Idrissi.A et Ouazani.N. (2006). Apport descripteurs morphologiques a l'inventaire et a l'identification des variëtës d'olivier (Olea europaeae.L), FAO -Biversity, 136 p 1-10

25. Maillard .R (1975) " L'olivier " Ed comrtre technique de l'olivier, Paris

26. Banziger E., (1998). L'olive cuisine et santë. Ëd Viridis- 2800 Desmond, Suíça.

27. Amarni. B (2011). Algeria: Production d'huile d'olive - Pas de place pour les nouvelles techniques de transformation / La Tribune / 17/01/2011.

28. **CONSEIL OLEICOLE INTERNATIONAL (2009a)** Production mondiale d'huile d'olive, tableau 1.Novembre 2009.

29. **CONSEIL OLEICOLE INTERNATIONAL (2009b)** Consommation mondiale d'huile d'olive, tableau 4. Novembre 2009.

30. Garcia. J.M, Seller .S e Perez -camino. M.C (1996). Influência da maturação dos frutos na qualidade do azeite. J. Ag. Food.Chem . 44, 3516-3520.

31. Gracia .M.S, (2001) . Composição mecânica quântica de diferentes qualidades de azeitonas da variedade "Empetre" de Bajo Aragón. Grasas y Aceites 52 (1), 52-58

32. Grati Kamoun .N et Khlif .M (2001), Caracterisation technologique des varietes d'olivier cultivees en Tunisie. Revue Ezzaitouna , Tunis página 54 / ISSN -0330-6828

33. Regulamento C.E.E. n.º 2568/91 da Comissão de 11 de julho de 1991 relativo às características dos frutos de oliveira e dos frutos de oliveira e aos métodos a aplicar. J.O.C.E. de 05 de setembro de 2003.

34. C.O.I. (2005) Norma comercial aplicável ao azeite e ao óleo de grignons de oliveira. °COI /T. 15/NC n 2/Rev.10.

35. Key. A, Menotti .A, Karvonem. M.J, Blackburn. H, Buzina. R, Diodordevic. B.S, Dontas .A.S, Fidanza. F, Keys .M.H, Kromhout. D, Nedukovic .S, Punsar .S, Seccareccia. F, Toshima. H. (1986). The diet and 15-year mortality study in seven countries. Am. J. Epidemiol. 124, 903915.

36. Jacotot. B (1999). Huile d'olive et lipoproteines. OCL 6(1), 84-85.

37. A raspar. M, Cullen. P, Kannenberg. F, Kassner. A, Fobker. M, Abuja. P. M, Assmann. G et Wahrburg .U (2002) Effect of dietary fatty acids on the composition and oxidizability of low density lipoprotein. Jornal Europeu de Nutrição Clínica. 56 (1) pp 72-81

38. MOTARD^LANGER .A, CHAREST. A, GRENIER .G, PAQUIN .P, CHOUINARD. P. Y, LEMIEUX .S, COUTURE. P et LAMARCHE .B (2008) Study on the effects of trans fatty acids from ruminants on blood lipids and other risk factors for cardiovascular disease. American Journal ofClinical Nutrition. 87 (3) pp 593-599.

39. ROTONDO. S. et DE GAETANO .G. (2000) Proteção do vinho e dos produtos derivados do vinho contra as doenças cardiovasculares. Evidências epidemiológicas e mecanismos biológicos. World Review of Nutrition and Dietetics. 87 pp 90-113.

40. BEAUCHAMP. G , KEAST .R, MOREL. D, LIN. J, PIKA ,J,HAN .Q, SMITH. A.B, BRESLIN. P.A.S, (2005). Atividade semelhante ao ibuprofeno no azeite virgem extra. Revista Nature 437, 45-46

41. CERRALAFUENTE.E.L (2002), Les bienfaits de l'huile d'olive, Diabete Voice, vol. 48, питёго 4

42. TRICHOPOULOU .A, LAGIOU. P, KUPER. H, TRICHOPOULOS .D (2000) Cancer and Mediterranean dietary traditions. Departamento de Higiene e Epidemiologia, Faculdade de Medicina, Universidade de Atenas, Grécia. Cancer Epidemiol Biomarkers , Sep;9(9):869-73

43. LITTMAN .A.J, BERESFORD .S.A, WHITE. E (2001) The association of dietary fat and plant foods with endometrial cancer (United States).Cancer Causes Control. outubro; 12(8):691-702

44. ROSA. M ,LAMUELA-RAVENTOS, EVA GIMENO, MONTSE FITO, ANA-ISABEL CASTELLOTE1, MARIBEL COVAS, M. CARMEN DE LA TORRE-BORONAT E M. CARMEN LOPEZ-SABATER (2004), Interação dos componentes antioxidantes fenólicos do azeite com a lipoproteína de baixa densidade Biol Res 37: 247-252,

45. TERDAZI .W, AIT YACINE .Z, OUSSAMA. A (2010), Etude comparative de la stability de l'huile d'olive de la Picholine marocaine et de l'A^quine. Revue Olivae , N° 113 página 22- 26

46. Cicerale, S., L.J. Lucas, e R.S.J. Keast, Actividades fenólicas antimicrobianas, antioxidantes e anti-inflamatórias no azeite virgem extra. Opinião Atual em Biotecnologia, 2012. 23(2): p. 129-35

47. Norma europeia NF EN ISO 5509 Norma. Preparação de ésteres metílicos de ácidos gordos. Paris, França: AFNOR; 2000.

48. Conselho Oleícola Internacional (COI). Norma comercial relativa ao azeite e ao óleo de bagaço de azeitona. COI/T15/NC n.º 3, de 25 de junho de 2003.

49. Código Alimentar . *Organização das Nações Unidas para a Alimentação e a Agricultura*. Organização Mundial de Saúde. Roma, Itália: Viale delle Terme di Caracalla; 2003.

50. Regulamento (CEE) Européen n°2568/91 da Comissão de 11 de julho de 1991 Relatif aux cara^ristiques des huiles d'olive et des huiles de grignons d'olive ainsi qu'aux mëthodes y affërentes [Em francês]. *J.O.C.E.* 2003.

51. Zarrouk W, Haddada FM, Baccouri B, et al. Characterisation of virgin oil from southern tunisia. *J LipidScience*. 2008; 110(1): 81-88. doi: 10.1002/ejlt.200700085

52. Olivier D, Pinatel C, Dupuy N, Guërere M. Artaud cara^risation sensorielle et chimique d'huile d'olive vierge de six AOC fran^aise, O^agineux [Em francês]. *Lipides*. 2007; 14(2): 141-149.

53. Bakhouche A, Lozano-Sanchez J, Bengana M, Guttierrez AF, Carretera AS. Curso de tempo da qualidade do azeite virgem extra da Argélia durante o amadurecimento da azeitona. *EurJ LipidSci Technol*. 2015; 117(3): 389-397. doi: 10.1002/ejlt.201400197

54. Essiari M, Bachir S, Zouhair R, Chimi H, Misbahi H, Boudkhil M. Influence de la variëtë et du milieu de culture sur la composition en acides gras , en stërols et en polyphënols totaux pour les huiles vierges de quatre variëtës d'olives de la region Sais (Maroc) [Em francês]. *EuroJ SciRes*. 2014; 125(1): 95-114.

55. Loussert R, Brousse G. A oliveira. In: *L 'Olivier GP*. Paris França: Maisonneuve & Larose; 1978.

56. Moussaoui R, Labbaci W, Hemar N, Youyou A, Amir Y. Propriedades físico-químicas dos azeites extraídos de três compartimentos do fruto da azeitona (polpa, endocarpo e semente) da cultivar Chemlal cultivada em Kabylie (Argélia). *J Food Agriculture Envir*. 2008; 6(2): 52-55. Website. https://pubag.nal.usda. gov/pubag/article.xhtml?id=732162. Recuperado em 18 de novembro de 2016.

57. COI/OH/ Doc. № 1. Novembre 2011.guide pour la dëtermination des cara^ristiques des olives a huile.

58. COI/T.20/Doc. N.º 30/Rev. 1. Método analítico para a determinação da composição e do teor de esteróis e dialcoóis triterpénicos por cromatografia gasosa em coluna capilar; 2013 Nov.

59. Lopez-Lopez A, Monta-o A, Ruiz-Mendez MV, Garrido-Fernandez A. Sterols, fatty alcohols and triterpene alcohols in commercial table olives. Journal of the American Society of Petroleum Chemists. 2008; 85:253-62. https://doi.org/10.1007/s11746-007-1186-6

60. Montedoro G, Servili M, Baldioli M, Miniati E. Compostos fenólicos simples e hidrolisáveis no azeite virgem. 2. primeira caraterização da fração hidrolisável. J Agric Food Chem. 1992; 40(9):1577-80. https://doi. org/10.1021/jf00021a020

61. Roncero AV, Del Valle CJ. Determinação do teor de polifenóis totais no azeite. Grasasy Aceites. 1973; 24(6):350-7.

62. Wolff JP. Manuel d'analyse des corps gras. Paris: Azoulay. 1968. p. 245.

63. Minguez MIM, Rejano L, Guandul B, Sanchez AH, Garido J. Pigmento de cor, correlação no azeite virgem. JJournal of Natural Remedies | ISSN: 2320-3358 www.informaticsjournals.com/index.php/jnr | Vol 16 (4) | outubro 2016 Am Oil Chem. 1991; 68:332-6. https://doi.org/10.1007/ BF02657688

64. Giuffre AM, Louadj L, Poiana M, Macario A. Sterol composition of oils extracted from olive varieties of the province of Reggio Calabria (Southern Italy). Riv Ital Delle

Sostanze Grasse. 2012; 89(3):177-83.

65. Gracia S. Composicion quimica de distintas calidades de aceites de oliva virgen de la variedad "Empeltre" en el bajo Aragon. Grasas Aceites. 2001; 52(1):52-8.

66. Ranalli A, Pollastri L, Contento S, Di Loreto G, Lannucci E, Lucera L. Componentes esterólicos e alcoólicos das sementes, da polpa e dos azeites inteiros. A sua utilização na caraterização multivariada das variedades de azeitona. Journal of the Science of Food and Agriculture. 2002; 82:854-9. https://doi.org/10.1002/ jsfa.1116

67. Sims RJ, Fioriti JA, Kanuk MJ. Aditivos de esterol como inibidores de polimerização para óleos de fritura. J Am Oil Chem Soc. 1972; 49:298-301. https://doi.org/10.1007/ BF02637578

68. Quillez J, Garcila-Lorda P, Salas-Salvadol J. Potencial uso e benefícios dos fitoesteróis na dieta: situação atual e direcções futuras. Clin Nutr. 2003; 22:343-51. ttps://doi.org/10.1016/S0261-5614(03)00060-8

69. Pardo JE, Cuesta MA, Alvarruiz A. Avaliação da qualidade potencial e real do azeite virgem com denominação de origem Aceite Campo de Montiel (Ciudal Real, Espanha). Food Chem. 2007; 100:977-84. https://doi.org/10.1016/bfoodchem.2005.10.059

70. Alves MR, Cunha SC, Amaral JS, Pereira JA, Oliveira MB. Classificação de azeites com denominação de origem protegida com base na composição em esteróis por análise multivariada. Analytica Chimica Ata. 2005; 549:166-78. https://doi.org/10.1016/}. aca.2005.06.033

71. Bentemime SB, Manai H, Methenni K, Baccouri B, Abaza L, Daoud D, CasasJS, Bueno EO, Zarrouk M. Sterolic composition of Cheetoui virgin olive oil: influence of geographical origin. Food Chem. 2008 ; 110:368-74. PMid:26049228. https://doi.org/10.1016/j.foodchem.2008.02.012

72. Stiti N, Msallem M, Triki S, CherifA. Etude de la fraction insaponifiable de l'huile d'olive de differentes varietesTunisiennes. La Rivista Italiana delle Sostanze Grasse. 2002; 79(10):357-63.

73. Gutierrez F, Varona I, Albi MA. Relação entre acidez e qualidade sensorial e teor de esteróis do azeite de frutos armazenados. J Agric Food Chem. 2000; 48:1106-10. PMid:10775357. https://doi.org/10.1021/jf9907337

74. Ostlund RE Jr. Phytosterols in human nutrition (Fitoesteróis na nutrição humana). Annu Rev Nutr. 2002; 22:533-49. PMid:12055357. https://doi. org/10.1146/annurev.nutr.22.020702.075220

75. Pardo JE, Cuesta MA, Alvarruiz A. Avaliação da qualidade potencial e real do azeite virgem com denominação de origem "Aceite Campo de Montiel" (Ciudal Real, Espanha). Food Chem. 2007; 100:977-84. https://doi.org/10.1016/}. foodchem.2005.10.059

76. Fuentes de Mendoza M, De Miguel Gordillo C, Expoxito JM, Sanchez Casas J, Cano MM, Vertedor DM, Baltasar MNF. Composição química dos azeites virgens em função da maturação da azeitona. Food Chemistry. 2013; 141:2575-81. PMid:23870997. https://doi.org/10.1016/j. foodchem.2013.05.074

77. Sarolic M, Gugic M, Friganovic E, Giovanni Tuberoso Cl, Jerkovic I. Propriedades fitoquímicas e outras do azeite virgem extra puro croata das variedades Oblica, Lastovka e Levantinka. Molecules. 2015; 20:4395-409. PMid:25759956. https://doi.org/10.3390/ molecules20034395

78. Zegane O, Keciri S, Louaileche H. Propriedades físico-químicas e teor de pigmentos dos azeites argelinos: influência da variedade de azeitona e da origem geográfica. Science. 2015; 1(3):153- 7lnternational Journal of Chemical and BiomolecularScience. 2015; 1(3):153-7.

79. Hoshina C, Tomita K, Shioi Y. Antioxidant activity of chlorophylls: their structure-activity relationship. Photosynthesis: Mechanisms Effects. 1998; 4:3281-4.

80. Ferruzzi MG, Blakeslee J. Digestão, absorção e efeitos preventivos do cancro dos derivados de clorofila da dieta. Nutrition Research. 2007; 27:1-12. https://doi. org/10.1016/j.nutres.2006.12.003

81. Hsu C-Y, Chao P-Y, Hu S-P, Yang CM. Os efeitos antioxidantes e de eliminação de radicais livres das clorofilas e feofitinas. Ciências da Alimentação e Nutrição. 2013; 4:1-8. https://doi.org/10.4236/fns.2013.48A001

82. Mayne ST. Beta-caroteno, carotenóides e prevenção de doenças em humanos. FASEB. 1996; 10:690-701.

83. Stahl W, Sies H. Bioactivity and protective effect of natural carotenoids. Biochimica et Biophysica Ata. 2005; 1740:101-7. PMid:15949675. https://doi.org/10.1016Zj. bbadis.2004.12.006

84. Benaziza A, Semad D. Oleiculture: Caracterisation de six variëtës d'olives introduites dans le sud-estAlgerien. European ScientificJournal Novembre. 2016; 12:537-53.

85. Edwin N. Frankel. Propriedades nutricionais e biológicas do azeite virgem extra. J Agri Food Chem. 2011; 59(3):785-92. PMid:21210703. https://doi.org/10.1021/jf103813t

86. Bonanome A, Pagnan A, Caruso D, Toia A, Xamin A, Fedeli E, Berra B, Zamburlini A, Ursini F, Galli G. Evidence of postprandial absorption of olive oil phenols in humans. Nutrition, Metabolism and Cardiovascular Disease. 2000; 10:111-20. PMid:11006919.

87. Garcia A, Brenes M, Garcia P, Romero C, Garrido A. Phenolic content of commercial olive oils. Investigação e Tecnologia Alimentar Europeia. 2003; 216(6):520-5. https://doi. org/10.1007/s00217-003-0706-3

88. Covas MI, Nyyssonen K, Poulsen HE, Kaikkonen J, Zunft HJ, Kiesewetter H, Gaddi A, de la Torre R, Mursu J, Baumler H, Nascetti S, Salonen JT, Fito M, Virtanen J, Marrugat J, EUROLIVE Study Group. The effect of polyphenols in olive oil on risk factors for heart disease: Um ensaio aleatório. Ann Intern Med. 2006; 145(5):333-41. https://doi.org/10.7326/0003- 4819-145-5-200609050- 00006

Índice

INTRODUÇÃO 4
CAPÍTULO 1 6
CAPÍTULO 2 19
CAPÍTULO 3 26
REFERÊNCIAS.................................. 40

MIX
Papier aus verantwortungsvollen Quellen
Paper from responsible sources
FSC® C105338

Printed by Books on Demand GmbH, Norderstedt / Germany